国家公园研究院 × 十万个为什么 联袂出品

National Parks of China

中国国家公园

三江源国家公园

欧阳志云 主编　　徐卫华 臧振华 沈梅华 著

少年儿童出版社

主编

欧阳志云

副主编

徐卫华

编委

臧振华、沈梅华、黄萍、张力、王湘国、贺宝元、景淑媛、陈君帜、闫昆、李世冉、沈安琪、陈天

支撑单位

国家林业和草原局中国科学院国家公园研究院

资助项目

第二次青藏高原综合科学考察研究（2019QZKK0402）、国家林业和草原局中国科学院国家公园研究院研究专项

特别鸣谢

三江源国家公园管理局
环球自然日活动组委会

序言

为了保护地球上丰富的野生动植物和独特的自然景观，1872 年美国建立了世界上第一个国家公园——黄石国家公园。随着国家公园理念不断地拓展和深化，目前全球有 200 多个国家和地区建立了 6700 多处国家公园。国家公园在生态系统、珍稀濒危动植物物种、地质遗迹和自然景观等自然资源的保护中发挥了重要作用。

我国自然生态系统复杂多样，分布着地球上几乎所有类型的陆地和海洋生态系统，是全球生物多样性最为丰富的国家之一：动植物物种数量多，约有 37 000 种高等植物、6900 种脊椎动物，分别占全球总数的 10% 与 13%；其中只在我国分布的特有植物超过 17 300 种，特有脊椎动物超过 700 种。我国的动植物区系起源古老，保留了桫椤、银杏、水杉、扬子鳄、大熊猫等白垩纪、第三纪的古老孑遗物种；自然条件与地质过程复杂，孕育了张家界砂岩峰林、珠穆朗玛峰、九寨沟水景、青海湖、海南热带雨林、蓬莱海市蜃楼等独特的地文、水文、生物与天象自然景观。2013 年，我国提出“建立国家公园体制”，目的是保护丰富的生物多样性与自然景观，为子孙后代留下珍贵的自然资产，实现人与自然和谐共生。

2021 年，习近平总书记在《生物多样性公约》第 15 次缔约方大会领导人峰会上宣布中国正式设立首批国家公园，包括三江源国家公园、东北虎豹国家公园、大熊猫国家公园、海南热带雨林国家公园与武夷山国家公园。它们是我国丰富生物多样性的典型代表，保护了大家熟知，尤其是小朋友喜爱的憨态可掬的大熊猫、威武凶猛的东北虎、“高原精灵”藏羚羊、美丽的绿绒蒿和濒危的海南长臂猿等。这些珍稀的动植物，能将我们带入川西北的高山峡谷、北国的林海雪原、青藏高原的高寒草地与冰川、海南岛的热带雨林等神奇自然秘境。这里不仅是千千万万植物、动物与微生物生存繁衍的乐园，也是人类接近自然、认识自然和欣赏自然的最佳场所。

国家公园研究院与少年儿童出版社策划的“中国国家公园”科普书，是在各分册作者与编委精心组织和辛勤工作的基础上完成的，得到了国家林业和草原局的大力支持，还有三江源、东北虎豹、大熊猫、海南热带雨林与武夷山等国家公园管理机构的无私帮助，在此表示衷心的感谢。尤其要感谢主创团队（图文作者和编辑），他们将关怀青少年成长的爱心和热爱大自然的情怀相融合，将生物多样性的专业知识转化为通俗易懂的语言和妙趣横生的故事。

我相信这套“中国国家公园”科普书能够成为众多青少年走进国家公园的一张导览图，成为启发他们感受美丽中国、思考生态保护的入门书。

国家公园研究院院长
美国国家科学院外籍院士
欧阳志云

目录

欢迎来到三江源国家公园

平均海拔 4700 米以上，

总面积达 19.07万 平方千米。

三江源国家公园位于青海省，地处地球“第三极”——青藏高原腹地，是长江、黄河、澜沧江（东南亚称湄公河）三大水系的发源地，有“亚洲水塔”之称。这里抬头是碧蓝的天空，低头是青青的草原，远望是巍峨的冰川雪山。

让我们一起踏上这段奇妙的旅程：娇羞的绿绒蒿、顽强的红景天、神秘的雪豹、谨慎的藏羚、呆萌的兔狲、“无人禁区”可可西里……走进“传说中”的三江之源吧！

三江之源

三江源，顾名思义，是长江、黄河、澜沧江三大水系的发源地。长江、黄河、澜沧江源头景色迷人，各具特色。

长江源区

为长江供水约 219 亿立方米

长江发源于唐古拉山中段的姜古迪如冰川。在长江源区，你能看到壮丽的冰川和雪山、江河湿地，以及高寒草甸。

藏语当中把长江叫作“治曲”，意思是“母牛河”。对于生活在高原上的牧民来说，牛是最重要的生产生活资料。

“姜古迪如”也是藏语，意为“狼山”，指这里是狼群出没的冰川地带，人难以越过。

巴颜喀拉山是蒙古语“富饶的青黑色山脉”的意思。

黄河源区

为黄河供水约 215 亿立方米

黄河发源于巴颜喀拉山脉。黄河源区有众多高海拔的湖泊湿地，有千湖美景之誉，鄂陵湖和扎陵湖如两颗镶嵌在高原草地的明珠。

澜沧江源区

为澜沧江供水约 136 亿立方米

澜沧江发源于唐古拉山北麓。澜沧江源区有丰富的冰川雪山和冰蚀地貌，这里的高山峡谷是雪豹等高原生灵的故乡。

高原水世界

处于青藏高原腹地的三江源地区具有丰富的淡水资源，是中国重要的淡水供给地。

湿地水域总面积达 3.2 万 平方千米，

约相当于 5 个上海、2 个北京！

雪山和冰川

河流与滩涂

为什么这里是三江之源

青海省海拔总体呈西高东低的格局：位于西部的可可西里高原平均海拔超过5000米，而东部山体海拔在3000～4000米之间，最低处不足3000米，东西巨大的地势落差驱动水往低处流，使青海具备了形成大江大河的天然条件。

每年春夏之交，印度洋季风形成的暖湿气流，与中东高压中的偏西气流迎面撞上青藏高原，形成降雨。这些降雨除部分蒸发以外，有的在低温下成为冰川冻土，有的和冰川雪山融水形成地表径流汇入湖泊和沼泽，有的渗入如海绵般松软的草地形成地下水。因此，这里的水不仅以湖泊、河流、沼泽等形式存在，也以冰川、冻土等形式贮存。

沼泽草地

湖泊

雄奇之山

三江源国家公园的平均海拔超过 4700 米，其中雄踞着巍巍昆仑山、“雄鹰飞不过去”的唐古拉山，以及富饶的巴颜喀拉山。这些雄奇壮美的山峦如同一道道筋骨脊梁，是高原上最雄壮的风景线。

高原地区空气含氧量低，仅为东部平原地区的 60% ~ 70%。长期生活在平原上的人来到高原后，容易缺氧出现高原反应。因此，爬山前一定要做好充分的防护准备，并且要在当地向导的陪同下才能开展。

雪山

在高海拔地区，一些雪山上的雪终年不会融化，千百年来不断积聚、压实成为冰川。冰川会在重力的作用下向下缓慢移动，由此塑造出不少独特的地貌景观。

高山上的流石滩

在海拔 4000 米以上的高山雪线之下，大小不一的岩石会在重力和水的作用下，顺着倾斜的山坡缓缓向下流动。流石滩的碎石之间嵌杂着砂砾，为高山植物创造了生长条件。但由于流石滩上的碎石随时会移动，且气温变化剧烈，很少有植物能适应流石滩的恶劣条件，只有那些不惧寒冷、根系发达的物种才能在这样的环境里生存下来。

高山裸岩地带

在一些较为陡峭的山坡上，可以看到大片的裸岩地带。由于地形陡峭，土壤无法在上面堆积，所以下面的基岩直接暴露在外。根据岩石性质的不同，有些地方的裸岩地带会呈现出各异的色彩。如在昂赛就存在由红色砂岩和砾岩形成的美丽丹霞地貌。

在高山裸岩区域，往往阳光充足，但是对于动植物来说，在这里生存并不容易。植物需要在这里找到落脚点，而动物往往需要较好的攀爬能力才能在裸岩地带行动自如。

壮美草地

在三江源国家公园，最常见、面积最广阔的生态系统要数一望无际的草地。草地对于维持三江源的水源涵养、防风固沙、土壤保持和生物多样性具有重要作用。

草地生态系统总面积达 13.3万 平方千米，

约占三江源国家公园总面积的 69.7% 。

高寒草原和高寒草甸

三江源国家公园的草地主要可以分为高寒草原和高寒草甸，它们都主要由耐寒的草本植物构成，区别在于：组成高寒草原的植物以紫花针茅和苔草这样的禾本科植物和一些小灌木组成，它们不仅不畏寒冷，还可以忍受较为干旱的环境；而在更为湿润的地方，适应潮湿环境的莎草科植物逐渐占据优势，从而形成了高寒草甸。

神奇动物在这里

复杂多样的生态系统，让这片广袤的土地孕育出了诸多高原特有的动植物，三江源国家公园还被称为“高寒生物种质资源库”。我们先来一起来看看三江源国家公园里的神奇动物吧！

据最新三江源国家公园综合科学考察数据显示，三江源国家公园内已记录的脊椎动物有 **310** 种，其中国家重点保护动物有 **84** 种。

国家一级保护动物有藏羚、野牦牛、藏野驴、雪豹、白唇鹿、黑颈鹤、金雕、胡兀鹫等 **24** 种。

国家二级保护动物有岩羊、藏原羚、棕熊、猞猁等 **60** 种。

高原有蹄类动物

爱追汽车的藏野驴

藏野驴是体形最大的野驴,是国家一级保护动物,分布在海拔 3600 ~ 5400 米的草原开阔地带，主要以针茅类禾草为食。它们非常耐旱，可以几天不喝水，找水能力也很强，能用蹄子刨坑挖水饮用，刨出的水坑被牧民称为“驴井”，而它们经常活动的草地上留下的印记则被称为“驴径”。

藏野驴还有个有趣的习性——喜欢与汽车赛跑。当汽车驶入有藏野驴活动的地方，远处的野驴就会好奇地注视着汽车。当汽车接近它们时，藏野驴随即朝前猛跑，并竭力与汽车保持平行。

有点“朋克”的野牦牛

野牦牛分布在海拔 3000 ~ 6000 米的高山草甸地带，适应高寒严酷的环境，主要以针茅、薹（tái）草、莎草、嵩草等植物为食。它们的舌上长有肉刺，可以取食垫状植物；胸腹和颈部的毛很长，有助于它们在冰天雪地中抵御寒冷、遮风挡雨。野牦牛是国家一级保护动物。

来到三江源，最容易见到的动物莫过于有蹄类动物（以植物为食，并长有蹄子的哺乳动物的泛称）。它们或驰骋于草原，或攀登于峭壁……这些坚韧的生命让高原充满了勃勃生机。

攀岩能手——岩羊

岩羊主要生活在海拔 1000 ~ 5500 米的高原地区。它们擅于在崎岖陡峭的悬崖上攀爬，可从高差十米左右的地方跃下而不受伤。岩羊是雪豹、狼的主要食物之一，是国家二级保护动物。

黄屁股的白唇鹿

白唇鹿最显著的特点是其黄色的屁股，所以又被称为“黄臀鹿”。它们是中国的特有动物，也是国家一级保护动物，通常生活在海拔 3000 ~ 5500 米的高原地区。它们在树木较为密集的地方会以小群活动；而在开阔的草地上会聚成大群，以对抗和防范狼这样的捕食者。

白屁股的藏原羚

藏原羚是青藏高原的特有动物，是国家二级保护动物，“白屁股、黑尾尖”是它们最明显的特征。和藏羚羊不同，藏原羚并不进行大范围的迁徙。藏原羚喜欢吃较为柔嫩的植物，如豆科植物、莎草等。

高原精灵：藏羚

藏羚，俗称藏羚羊，是青藏高原的典型动物，特别适应高原严酷的生活环境，有着“高原精灵”的美誉。它们能在高海拔地区以 80 千米 / 时的速度快速奔跑，小藏羚羊出生后 3 天就能跑得比狼还快！

保护藏羚羊的英雄们

青海省玉树藏族自治州治多县西部工作委员会书记**杰桑·索南达杰**，在保护藏羚羊的过程中被盗猎者残忍杀害，可可西里自然保护区建立的第一个自然保护站就以他的名字命名。后来，他的妹夫**奇卡·扎巴多杰**继承了他的遗志，建立民间组织“野牦牛队”，继续为藏羚羊保护贡献力量。

中国知名摄影师**奚志农**是第一位深入可可西里报道反偷猎事迹的电视记者。

国际野生生物保护学会（WCS）首席科学家**乔治·夏勒**博士以其十几年的实地调研和国际影响力为藏羚羊保护作出了重要的贡献。

藏羚羊大迁徙

世界上仅有少量的有蹄类动物还存在大迁徙现象。世界有名的三大有蹄类动物大迁徙包括非洲的角马大迁徙、北半球的驯鹿大迁徙和中国的藏羚羊大迁徙。藏羚羊迁徙的主要目的是产崽。雌性藏羚羊每年5-6月份开始向产崽地大规模迁徙，7-8月产崽之后又会带着幼崽原路返回，完成一次迁徙行程。雄性藏羚羊有的会留在栖息地，有的则在这场迁徙的前期就离开去寻找自己的“兄弟”，共同朝着另外的方向移动。

藏羚

身高：75 ~ 85厘米
体重：25 ~ 40千克
常见程度：★ ★
保护等级：国家一级
主要生境：海拔3250 ~ 5500米的高寒草地和荒漠
食物：主要以禾本科和莎草科植物为食，忍耐干旱的能力较强，冬季时多通过植物和雪获得水分

动物通道

罪恶的“沙图什”

藏羚羊适应高原寒冷的生活环境，长有一身保暖性极佳的毛皮。中国传统上并没有利用藏羚羊毛皮的传统，但克什米尔地区会利用藏羚羊绒制作披肩“沙图什”。这种披肩在国际上走红成为一种奢侈品之后，藏羚羊就成了盗猎分子眼中的“软黄金”。藏羚羊一度因此遭到严重的盗猎而濒临灭绝。在人们多年的努力保护之下，它们的数量正有所回升。

目前，对藏羚羊的威胁主要来自公路、铁路、围网对其迁徙形成的障碍，以及气候的变化。因此，在青藏铁路设计时，为了不影响野生动物的生活和迁徙，对于穿越可可西里、羌塘等自然保护区的铁路线，尽可能采取了绕避的方案。同时，根据沿线野生动物的生活习性、迁徙规律等，在相应的地段设置了野生动物通道，以保障野生动物的正常生活、迁徙和繁衍。

草原上的常见物种：高原鼠兔

高原鼠兔

体长：20 ~ 24 厘米
体重：130 ~ 180 克
常见程度：★★★★★
主要生境：草地、荒漠
食物：以各种牧草为食，在食物缺乏的严酷冬季，有时会取食牦牛粪，从中获得养分

咦，那边的草地上好像有什么东西在动？那很可能就是青藏高原上最常见的小动物——高原鼠兔。我们悄悄地走过去，千万别出声，它一会儿就会从洞里钻出来看我们的。

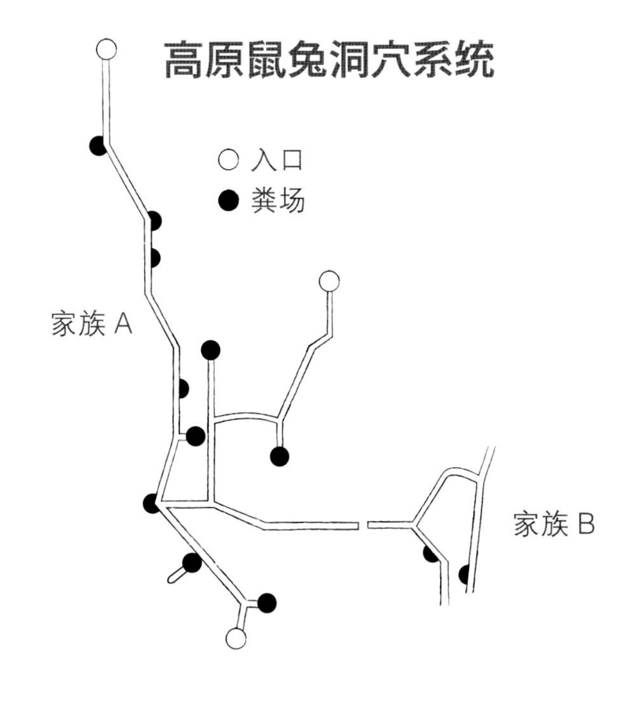

草原其实到处是“坑”

别被看上去一望无际的草原骗了！如果你在上面行走，可能会发现草丛里隐藏着不少洞——很可能就是高原鼠兔的洞穴。

高原鼠兔的洞穴系统很复杂，是一个错综复杂的“地下世界”。高原鼠兔的“邻居”们（如白腰雪雀、地山雀等）会利用鼠兔废弃的洞穴来安家做窝，养育后代。“邻居”们也会为鼠兔提供警报信号。有的时候，邻里之间也会发生“争吵”，抢夺“房子”的归属权。

高原鼠兔是高原上的关键物种：很多野生动物喜欢捕食鼠兔；它们在地上打洞的行为还能改善土壤的透气性和保水性，给高原草甸提供更好的生长空间；包括几种雪雀和多种昆虫在内的生物都与鼠兔形成了互利共生关系。可以说，高原鼠兔和其他野生动物的生存息息相关。

在牧民看来，高原鼠兔数量多并不是一个好兆头，这往往意味着草场的退化。不过有研究发现，导致草场退化的主要原因并不是高原鼠兔，而是过度放牧——当牧民养了太多的牛羊，把草场啃食得太厉害，就会为高原鼠兔创造出适宜的生活环境。

随时准备拿高原鼠兔打牙祭的动物们

狼、藏狐、兔狲、黑颈鹤、赤狐、香鼬、艾鼬、大鵟、猎隼……

草原上的常见物种：喜马拉雅旱獭

旱獭和高原鼠兔一样是草原的常见物种，不过捕食者要对付旱獭并没那么容易。旱獭体形较大，门齿也很锋利。像藏狐这样体形稍微小一些的肉食动物，只能从背后出其不意地偷袭，而无法与旱獭硬刚。

旱獭在草原上还有一个功能——为很多动物提供住所。旱獭挖的洞比较大，给一些体形较大的动物提供了不少生活空间，比如藏狐就会住在旱獭挖的洞穴里。

与高原鼠兔不同的是，旱獭会冬眠。当鼠兔们忙着为过冬囤积粮草，旱獭的选择却是把自己喂肥。

喜马拉雅旱獭

体长：约 50 厘米
体重：4 ~ 9 千克
常见程度：★★★★★
主要生境：草地、灌丛、荒漠
食物：灌木的嫩枝和各种草本植物

- 有冬眠的习性，每年都要睡上一整个冬天。
- 群居动物，整个家族生活在一起。

土拨鼠就是喜马拉雅旱獭吗

世界上有 14 种旱獭，它们都被俗称为“土拨鼠”，比如美洲的草原犬鼠也俗称“土拨鼠”。所以，土拨鼠并不一定指喜马拉雅旱獭哦。

旱獭会叫吗

虽然网络上最有名的旱獭叫声是人配音的，但实际上旱獭会发出多种不同的叫声来和同伴沟通。一些研究显示，旱獭的叫声有丰富的含义，比如会用不同的叫声来指代不同的捕食者。

旱獭不能摸

我们会在网络上看到一些人逗弄旱獭，或给旱獭喂食的照片和视频。旱獭确实是一种性格很好的动物，有时会主动和人亲近。但接近野生旱獭的行为非常危险，它们是鼠疫的携带者，抚摸、喂食和捕杀野生旱獭都容易使它们将鼠疫传播给人类。

雪山之王：雪豹

雪豹是国家一级保护动物，藏语称之为“萨”，是名副其实的“雪山之王”。它们喜欢生活在坡度较大的高海拔地区，以大型有蹄类动物为食，能够猎杀体重是自己 3 倍的猎物，是高原食物链顶端的旗舰动物。目前，世界上大约有 65% 的雪豹生活在中国境内。

雪豹

体长：110 ~ 130 厘米
体重：50 ~ 80 千克
常见程度：★
保护等级：国家一级
主要生境：灌丛、草地、裸岩
食物：主要吃鼠兔、旱獭、岩羊、雉鸡，尤其喜欢捕食岩羊和北山羊

虹膜呈浅绿色或浅灰色

脚大，可以分散体重压力，有助于雪地行走

前肢粗壮，前掌发达，利于攀爬

神奇的尾巴

雪豹的尾巴又长又粗，约为体长的四分之三，有助于保持身体平衡，睡觉时还能用来保暖。在有压力的时候，雪豹也会叼住自己的尾巴来缓解压力，就像有些小朋友吃手指一样。

雪豹和豹有什么关系

从分类上说，雪豹和豹都属于猫科豹属，但雪豹并不能像其他豹属动物（如狮、虎、豹）那样发出吼声，体形也不如豹大。

雪豹和豹的生活环境也很不相同。雪豹喜欢生活在高原的裸岩地带，而豹更适应森林环境。三江源昂赛地区是少数雪豹和豹都有分布的地区，也就是说，如果你造访当地而且运气足够好的话，就有可能既看到雪豹，又看到豹哦。

雪豹

豹

雪豹的“超能力”

- 强壮的肺和发达的胸腔使它们可以在空气中获得足够的氧气。
- 身上密布的长毛和下层绒毛（腹部的毛长达 12 厘米）让它们在雪地中依旧可以保持温暖。
- 爪子上布满绒毛，像是穿了雪地靴，方便它们在雪中行走。
- 休息时会用长长的尾巴盘住身体和面部，起到保温的作用。
- 灰白色的皮毛、黑色的圆形和环状斑点使它们能隐匿于岩石和雪地中。

不可小觑的猎手：猞猁

猞猁，也被称为欧亚猞猁，足迹遍布亚洲北部和欧洲西部，可栖居于海拔数百米的平原到 5000 米左右的高原。它们的栖息生境也非常多样，在温带森林、开阔林地、灌木丛和苔原等各种环境中都生活得如鱼得水。

欧亚猞猁是世界上 4 种猞猁属动物（欧亚猞猁、伊比利亚猞猁、加拿大猞猁、短尾猫）中体形最大的成员，体长可达 1.3 米！它们和狼存在一定的竞争关系，一般狼比较多的地方猞猁的数量会比较少。

为什么猞猁有长长的耳簇毛

看，猞猁耳尖上的黑色簇毛仿佛自带“信号接收器”。一般认为，长长的耳簇毛能够更好地将声音导入耳道，使猞猁具有更好的听力。除了欧亚猞猁，世界上的其他 3 种猞猁和非洲的狞猫都具有长而显著的耳簇毛。

可怕的猎手

欧亚猞猁是非常厉害的猎手，甚至可以猎杀成年马鹿（约 220 千克）。猞猁一般只在积雪深厚的地方猎杀大型动物——大多数动物都不擅长在雪地上行走，因此身形轻盈的猞猁便有了很多捕猎机会。

动物不脸盲：狞猫

- 生活在撒哈拉以南的非洲以及中东部分地区。
- 有光滑的红金色短毛。
- 体形比欧亚猞猁略小，但尾巴比欧亚猞猁长。

名字古怪的“小猫”：兔狲

兔狲这种名字古怪的“小猫”为什么就突然变成“网红”了呢？我推测是以下几种原因：兔狲的毛很长，让人看了就“想撸”；兔狲的脸又大又宽，看上去特别搞笑；兔狲的表情特别霸气，这与长毛绒般的身体和大扁头形成奇妙的违和感……不过说正经的，兔狲真是种很神奇的猫科动物呢！

瞳孔收缩后形成一个小圆点，而不是像家猫那样的一条线

大宽脸其实是为了容纳它特大号的听泡（内耳中的一个结构）而形成的——兔狲的听泡比同体形的猫大三分之一，这让兔狲能够听到适于远距离传播的低频音，从而更容易发现猎物、躲避天敌

腿短，有助于降低重心，潜伏狩猎，它们并不擅长奔跑

兔狲曾被误认为是波斯猫的祖先，但它们实际上是一种适应干旱高原生境的独特野生小猫。兔狲的“长毛大衣”让它们看上去又圆又大，其实它们还没有很多养尊处优的家猫重。

目前，兔狲日益遭受栖息地丧失的威胁。此外，人类使用药剂灭杀鼠兔等活动一方面减少了兔狲的猎物，另一方面兔狲取食中毒的鼠兔也会间接中毒，导致兔狲数量的减少。还有人类为了获取兔狲的皮毛，对其进行乱捕滥杀也是其数量下降的重要原因。

兔狲

体长：45 ~ 65 厘米
体重：2 ~ 4.5 千克
常见程度：★
保护等级：国家二级
主要生境：草地、荒漠、灌丛
食物：鼠兔、小型鼠类（如沙鼠、仓鼠等）、鸟类（如山鹑、山鸦等）、野兔和旱獭等

狼

就像大人们经常吓唬小孩“狼来了”一样，化石证据和古文献记载都能证明野狼曾在中国广泛分布。然而，由于人类出于保护牲畜、获取狼牙狼皮等目的对狼实施了长期的猎杀和驱逐，狼的分布区逐步萎缩，数量大幅下降。三江源国家公园目前还存在野生狼群。

- 狼是现生最大的犬科动物。
- 狼通常以家庭为单位群居，群体内部有严格的等级制度，捕猎的时候也会依靠群体合作狩猎。
- 狼的肢体语言沟通很丰富，包括多种面部表情、尾巴位置和狼毛竖立等。

狼

体长：100 ~ 160 厘米
体重：28 ~ 40 千克
常见程度：★ ★ ★
保护等级：国家二级
主要生境：草地、森林、灌丛、湿地
食物：岩羊、野兔、旱獭、鸟类等，偶尔吃野果

狼为什么在夜晚嚎叫

狼是一种夜行性的动物，当它们在夜晚开始集体行动时，就会遇到交流的问题。这种情况下，只有声音才是最便捷有效的沟通手段，于是我们就听到了恐怖的“鬼哭狼嚎”。

当狼群嚎叫的时候，每一只狼都会注意与其他狼的音调错开，制造出此起彼伏的效果，使它们听起来更加“狼多势众”。这和人类歌唱时的“和声”完全相反。

动物不脸盲：狗

- 狗的尾巴是卷曲翘起的；但狼的尾巴是向下垂落的。
- 狗脸看上去更“萌”，有种幼态感——这是人工选育的结果。

高原之狐：藏狐

在藏狐这种生物走入大家视野之前，谁也没想到，竟然还会有一种狐狸生得一副方方正正的宽头大脸，长相如此一言难尽，气质如此非同寻常，瞬间颠覆了人们对于“狐狸精”的印象……藏狐之所以在很长时间里不为人知，是因为它们是一种仅分布在青藏高原的动物，很少出现在海拔 3000 米以下的区域。

藏狐

体长：50 ~ 65 厘米
体重：3 ~ 5 千克
常见程度：★ ★ ★ ★
保护等级：国家二级
主要生境：草地、灌丛、荒漠
食物：最喜欢捕食鼠兔，也会捕捉田鼠、鸟类等，甚至也吃点野果

- 除了捕食，藏狐最喜欢的活动就是在洞口晒太阳，以此获取热量。
- 藏狐懒得自己挖洞，经常捡狗獾或旱獭废弃的洞穴来住。
- 目前世界上还没有任何一家动物园圈养藏狐。

动物不脸盲：赤狐

- 虽然藏狐更容易给人一种肥嘟嘟的感觉，但从体形上看，赤狐实际上比藏狐要略大一点儿。
- 从外貌看，赤狐的毛色比藏狐更橙，且脸也更尖瘦一些，是故事里“狐狸精”的原型。

藏狐十分热衷于把自己的粪便拉在显眼的地方，留下气味标记，以宣示主权

藏狐的脸为什么那么方

藏狐的咀嚼肌发达，听泡大，这都为它们的大方脸作出了一定“贡献”。不过，它们脸上厚重的毛发才是造成其大方脸的主要原因。从骨骼上看，藏狐的脸并没有那么宽，所以到了夏天，藏狐的脸就没有冬天看起来那么方了。

颜值出众的熊：藏棕熊

三江源国家公园内的藏棕熊是棕熊的一个亚种，也被叫作“藏马熊”或“西藏棕熊”。和其他棕熊亚种比起来，它们的“颜值”十分出众，主要原因是它们的“发量”惊人，毛特别多，特别是两只毛乎乎的大耳朵，看起来就是一副手感很好的样子。

这种动物其实是青藏高原上最危险的动物之一。它们是杂食性动物，但更偏爱肉食。当饥肠辘辘的时候，它们可不介意到人类居所附近来碰碰运气。

毛皮厚，背部毛发长达15厘米，体侧毛发长达20厘米

脖子后方有浅色“肩带”，看起来像戴了一条哈达

胸前有明显的白色月牙斑，比黑熊更大

为了防范藏棕熊，牧民会在外墙上放置布满钉子的木板

危险的藏棕熊

藏棕熊是三江源国家公园里最易与人类发生冲突的兽类。很多牧民都不喜欢藏棕熊，不仅是因为它们可能捕杀牲畜，关键是还会威胁到人类的安全，有时甚至会扒房子“拆家”。在高原上，藏棕熊伤人致死的事件时有发生。因此，在高原上如何与藏棕熊相处也是一个保护工作上的难题。

藏棕熊

（棕熊的亚种）

体长：115 ～ 120 厘米
体重：125 ～ 250 千克
常见程度：★★
保护等级：国家二级
主要生境：草地、荒漠、森林
食物：鼠兔、藏羚羊、藏原羚、野牦牛等

你们熟悉的棕熊可能是我哦！

棕熊分布相当广泛，遍及亚欧大陆和北美，历史上曾被命名过的棕熊亚种名称多达 160 多个，至今对其亚种的分类仍没有统一的说法。目前比较通用的分类是把棕熊分为 7 个支系，而三江源分布的藏棕熊则属于青藏高原支系。

遇到藏棕熊可以装死吗

不能。藏棕熊会吃尸体，所以无法靠装死来躲过藏棕熊。要是不幸与藏棕熊偶然相遇，首先要保持镇静，缓慢向后倒退，从而不引起其注意。

缤纷鸟类

在三江源国家公园，最容易看到的鸟类是在高空翱翔的各种猛禽。不过如果仔细观察的话，你会发现还有很多高原特有的小型鸟类活跃在草原上。而在高原湿地，我们也能看到很多水禽的身影。和“草原居民”不同，很多水禽都是迁徙鸟类。在春暖花开的繁殖时节，三江源国家公园是它们“谈情说爱”、养育后代的好地方；而当天气开始变冷，它们就会飞到别处过冬。

藏雪鸡

藏雪鸡是中国特有的鸟类，国家二级保护动物。春夏季节，它们在高海拔裸岩地区和流石滩地带育雏，黑白相间的羽色可以帮助它们“隐身”在周围环境当中。它们是一种杂食性鸟类，既吃植物也吃昆虫。

高原山鹑

高原山鹑（chún）的体形比藏雪鸡小，也是典型的高原居民。它们常常 10 ~ 15 只聚集在一起活动，受到惊吓会一边尖叫一边奔跑，或者滑翔着溜下山坡。清晨和黄昏时分，常常能听到它们“塔卡塔卡”或者“嘁嘁喳喳”的叫声。

大天鹅

大天鹅可不是长大了的小天鹅。大天鹅又被称为“黄嘴天鹅”，它们喙部的黄色斑块明显要比小天鹅更大，一直延伸超过鼻孔。它们的分布很广，遍及欧亚大陆，一般出现在开阔水面上，是国家二级保护动物。

斑头雁

斑头雁是世界上飞得最高的鸟类之一，在迁徙过程中能飞越珠穆朗玛峰。它们的血红蛋白能与氧更快速地结合，因而能够承受高海拔环境的低氧气浓度，这也使它们成为了一种典型的高原鸟类。在整个三江源国家公园的水域，都能见到它们的身影。

赤麻鸭

赤麻鸭广泛分布在中国各地，也非常适应高原生活，曾记录到它们在海拔5700米的地区繁殖。它们的翅膀上有一块绿色斑纹，雄性赤麻鸭在繁殖季节会“戴上”黑色颈环。在中国古代，赤麻鸭曾被称为“鸳鸯”，成为爱情的象征，直到宋代才被原来的“紫鸳鸯”（即现在所说的鸳鸯）取而代之。

草原上的天空霸主

鸟中之豹：大鵟

鵟（kuáng）被称为“鸟中的豹子”，而大鵟是世界上体形最大的鵟，翅展约1.5米，看起来十分威猛霸气。它们是国家二级保护动物。

正如其英文名Upland Buzzard（意思是高原上的鵟），大鵟在高原地区更加常见。大鵟的捕猎能力很强，虽然它们的主食是高原鼠兔、根田鼠、中华鼢鼠之类的小型哺乳动物，但其实它们从昆虫到鸟类无所不吃。不过这样一种威猛的动物，叫声却是“咪咪”声，真是令人大跌眼镜。

自然条件下，大鵟多在大树或悬崖峭壁上筑巢，现在很多大鵟也学会了利用人类的电线杆作为自己的筑巢地。但是，直接在高压电线上搭巢无论对人还是鸟都造成了极大的安全隐患。于是在三江源的一些地方，供电公司已经开始在一些输电线路的塔杆上架设人工鸟巢，为其加装绝缘套，并更换绝缘引流线，为这些猛禽创造一个安全的栖息环境。

鸟中之王：金雕

金雕也是一种大型猛禽，翅展平均超过 2 米，在阳光下，成年金雕脑袋后部的羽毛呈现出美丽的金黄色，十分亮眼，这也是它们名字的由来。金雕是一种集力量与速度于一身的鸟类：它们俯冲速度可达 240 ~ 320 千米 / 时，最多可以捉走 6 千克的猎物，有时甚至会袭击大鹫这样的猛禽。

古人也注意到这种鸟的超强能力，有些地区有训练金雕帮助人类进行狩猎的传统，但这一行为会对金雕的野外种群造成压力，时至今日已不再提倡。如今，金雕已经是国家一级保护动物。

东亚的大黑鸢：黑耳鸢

黑耳鸢（yuān）虽然也是一种体形较大的猛禽（翅展约 1.5 米），但它们时常会与乌鸦“混”在一起，这是因为它们和乌鸦一样对各种食物（包括腐食、垃圾）来者不拒。

黑耳鸢广布于中国大部分地区，包括青藏高原上海拔高至 5000 米的区域，以及台湾、海南岛。黑耳鸢是黑鸢的亚种，是国家二级保护动物。

草原上的“清道夫”

高山兀鹫

高山兀鹫是喜马拉雅地区体形最大、最重的鸟类之一，翅展可达3米左右，是国家二级保护动物。如同其名字所示，高山兀鹫生活在高原地区，也是飞行高度最高的鸟类之一。在藏族文化当中，它们是距离天神最近的鸟类，能够将人的灵魂带到天堂，以腐肉为主食的它们因而成为了“天葬”的主要执行者。它们可以在30分钟内吃完1只羊，2小时内解决1只牦牛，这一过程中可以杀死尸体中大量的病原体。

秃鹫

相比高山兀鹫，秃鹫看上去其实并不算很“秃”。秃鹫也是国家二级保护动物，它们的体形和高山兀鹫差不多，但性情更加凶猛，在食腐动物当中占主导地位，有的时候，它们也会袭击一些弱小的活猎物。

胡兀鹫

成年胡兀鹫的身体和头呈浅黄色，尾巴和翅膀皆呈灰色，翅展约为2.5米。胡兀鹫是青藏高原地区的代表性猛禽，是国家一级保护动物。胡兀鹫又被称为“碎骨机”，是唯一一种特化吃骨髓的鸟类——它们会将一些骨头完整吞下去，或将大块的尸骨和动物活体从高空抛下，将其摔碎之后吃掉。传说希腊剧作家埃斯库罗斯是被一只猛禽从空中扔下的陆龟砸死的，现在人们怀疑始作俑者就是胡兀鹫。

三江源的鸦科大佬

说到草原“清道夫”，当然也少不了“鸦科大佬”。三江源常见的鸦科鸟类包括红嘴山鸦、黄嘴山鸦、达乌里寒鸦、小嘴乌鸦、大嘴乌鸦、渡鸦等。仔细看，它们并不都是“天下乌鸦一般黑”哦！

红嘴山鸦

达乌里寒鸦

鸟中大熊猫：黑颈鹤

黑颈鹤是世界上最晚发现的鹤类，也是唯一一种在高原生长和繁殖的鹤。目前，世界上黑颈鹤的数量仅剩约 1.1 万只，其中 96% 都生活在中国。与其他鹤类一样，黑颈鹤是一夫一妻制的鸟类。在三江源国家公园，就可以见到黑颈鹤双宿双栖的情景。

文化中的黑颈鹤

在藏族文化当中，黑颈鹤被称为“神鸟”“吉祥鸟”。在藏族史诗《格萨尔》中，多次出现了黑颈鹤的身影。藏族人不仅会以黑颈鹤的叫声来预测天气的变化，还把它们当作“神医”。传说中，黑颈鹤以为自己的卵要裂开时，会寻找一种“接骨石”放在巢中，以免卵壳裂开，而这种“接骨石”可以治疗骨折。于是当有人骨折时，就在黑颈鹤巢中的卵上画上一个黑色的圆圈，使雌鸟误以为卵要裂开，当雌鸟找到“接骨石”后，人们就将其偷偷取走……据说越冬地的黑颈鹤还与当地的居民互相订下过诺言，当地人决不猎杀黑颈鹤，黑颈鹤也不喝清明节的水，不吃成熟的庄稼。所以每年清明节之前，黑颈鹤就飞到北方去繁殖，到了庄稼收割之后，才又回到越冬地。

黑颈鹤

体长：110 ~ 120 厘米
体重：4 ~ 6 千克
常见程度：★★★
保护等级：国家一级
主要生境：高原的沼泽、湖泊及河滩地带
食物：植物的根、芽，偶尔也会捕一些小动物来补充蛋白质，尤其是在繁殖期，它们甚至会用长长的喙来捕捉鼠兔

黑颈鹤的迁徙

黑颈鹤有几条不同的迁徙路线，一条从四川若尔盖到贵州草海，另一条从青海隆宝滩到云南纳帕海，科学家推测西部还可能存在第三条路线。

黑颈鹤每年从 9 月开始飞往南方"过寒假"。此时，它们拖家带口、呼朋引伴地结成大部队出发，一路好不热闹，直到抵达目的地时才开始两两结对活动。

而到了来年 3–4 月天气转暖的时候，黑颈鹤就会回到三江源国家公园，在凉爽的高原上生儿育女。

动物不脸盲：丹顶鹤

- 丹顶鹤的身形比黑颈鹤大一圈儿。
- 丹顶鹤的头顶有非常明显的"红盖帽"，后脑勺是白色的；而黑颈鹤头顶的红色面积比较小，后脑勺是黑色的。
- 丹顶鹤的身体大部分都是纯白色的，而黑颈鹤的身体颜色偏灰。
- 丹顶鹤主要分布在中国东部和东北部，而黑颈鹤主要分布在中国西部到西南一带，所以基本上这两种鹤不会在同一个地方出现。

两栖和爬行动物

作为“冷血动物”的两栖和爬行动物，要在高原上安家落户真不容易！虽然比起恒温动物，它们的“低能耗”模式使它们更能“超长待机”，但只有气候凉爽宜人的夏季才是观察这些动物的好时机——到了冬天，它们就往往潜入较为温暖的地下洞穴中以冬眠的形式越冬去了。因为能够用于摄食、生长的时间比较短，比起在平原地带的同类，在高原生活的两栖、爬行动物往往需要更长的时间才能发育成熟。

高原林蛙

高原林蛙是中国特有的蛙类，主要生活在青藏高原东部海拔2000～4500米的湿地。它们生长极其缓慢，需要4年左右才能从蝌蚪长成成蛙，成蛙有成群迁移、集体冬眠的习性。

红斑高山蝮

红斑高山蝮是一种色彩亮丽的毒蛇，性格却十分敏感害羞，受到惊吓时会把食物“呕吐”出来。猜猜它主要吃什么？一种蛾子！它们生活在海拔4000多米的高原地区，是中国已知毒蛇分布的最高海拔纪录。

青海沙蜥

青海沙蜥俗称“沙婆子”，是中国的特有动物。它们一般生活在海拔4500米以下的荒漠和半荒漠地区，在植被稀疏的沙地穴居生活。它们会通过有趣的卷尾行为来和同类沟通信息。小沙蜥一般在秋季出生，冬天它们会“抱团取暖”，大小沙蜥一起在地下巢穴中冬眠。

高原植物访谈

高原植物生存绝技

- 植株匍匐贴地生长，或形成垫状结构。
- 根系发达，或发展出块茎、块根等结构，可用于储存水分和养分。
- 植株表面长出茸毛来应对寒冷，或覆以蜡质层减少水分散失。
- 以显眼的大花或大量的小花来吸引昆虫授粉。
- 蓝紫色的花朵具有防晒功能。
- 靠风传送种子，或者干脆以营养繁殖、“胎生”等方式繁殖。

来到三江源，神奇的植物可不容错过。由于三江源国家公园海拔很高，每年都有很长一段时间的封冻期，而且相对降水较少，日照又十分强烈，植物的生长受到很大限制，所以这里的植物大多具有独特的生存“绝招”，以适应高原的严酷环境。让我们一起来采访下这里的植物吧！

据最新三江源国家公园综合科学考察数据显示，三江源国家公园内已记录的种子植物有 **832** 种，其中国家重点保护植物有 **11** 种。

中国“雪绒花”：火绒草

你的身上为什么毛茸茸的？难道你就是传说中的“雪绒花”？

哈哈哈，可以说是，也可以说不是啦。在歌曲《雪绒花》里咏唱的雪绒花，其实是生长在欧洲阿尔卑斯地区的高山火绒草，我们火绒草可以说是它们的中国亲戚。当然，我们与高山火绒草有一些共同的特点：体内水分较少，不容易失水；浑身长满茸毛，能够反射不少紫外线，具有防晒的效果。在欧洲，雪绒花被视为永恒的象征，做成干花也能长时间保存而不萎败，我们火绒草也是同样的哦。

球形的垫状点地梅

哇，这是什么植物，长成这么大一团！好像一个大圆球，好可爱啊！

我们是垫状点地梅。我们之所以长成球形，是为了“抱团取暖”。别看我长得可爱，其实我已经有好几百岁了。我们的策略是：每次只长一点点，不管是活着的部分还是枯死的部分，都聚集在一起，这样就能有效地减少热量散失和水分蒸发，还能抵御强风。不信你可以插个温度计来测测我这个“球”里面的温度，和外界的最大温差可以达到20℃呢！我们这个类群的植物在北极也很有名，不过青藏高原才是我们的发源地哦！

妖艳的狼毒

这一大片的红色花朵太漂亮了，有种摄人心魄的美！

我叫狼毒，是草原上最有名的花朵之一。有的人不太喜欢我，因为我的花朵虽然美丽，却会让牲畜中毒。如果你看到我们狼毒花大片开放，那说明这块草场可能已经退化，无法再被牲畜利用了。

这可不能怪我，有的草场牲畜太多，它们把好吃的牧草都吃完了，给我们留下了生长空间。但我们的毒性对高原鼠兔这样的野生动物作用有限，它们仍然可以利用我们来生存。我们在装点草原的同时，为草场争取到了休憩和恢复的时间。

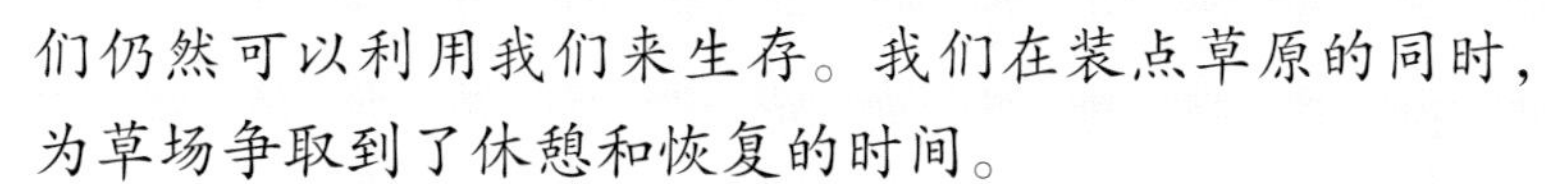

对人类来说，我们也并非一无是处——我们的毒性具有防虫防蛀的效果，因此也成为了制造传统藏纸的主要原料。

又苦又美的龙胆

我发现高原上蓝紫色的花好多。你看，我又发现了漂亮的蓝紫色花朵！

这个问题就由我龙胆来回答吧。高原上蓝紫色花朵很多，这是因为蓝紫色花能反射掉更多的紫外线，能够防止花朵被晒伤。至于我们为什么叫龙胆嘛，也许是因为我们粗壮的根状茎当中含有的龙胆苦苷味道非常苦，所以才被古人称为“龙的胆”吧。

自带钻洞机的紫花针茅

呀，这根草钻进了我的袜子！好疼啊！

对不起呀，我叫紫花针茅，别看我长得不起眼，很多食草动物都很喜欢吃我呢。不小心扎到你的是我果实上的芒，我们少了这根芒可不行。当我们的果实落到地上，这根芒下面的芒柱就会在干燥时卷曲收缩，湿润时变长，以此推动种子钻入土中。

“胎生”牧草：珠芽蓼

牧民告诉我，珠芽蓼是牲畜爱吃的牧草，但是这个名字听上去好奇怪啊！

你可以仔细看看：在我的花序下方，长有一粒粒像草穗一样的“珠芽”——其实这是我的“分身”，是自己克隆出来的“小宝宝”。当它们成熟之后落到地上，就会长出新的植株来。所以，你可以把我们珠芽蓼叫作胎生植物。是不是很厉害？

花谢不凋的鸦跖花

哇，石滩上居然有这么漂亮的小花朵！

我的名字叫鸦跖花，是一种生长在流石滩或碎石堆上的花朵。流石滩的环境你懂的吧……我的身边都是岩石，昼夜温差非常大。为了保护种子，我们还利用枯萎的花瓣当作种子保温的“被子”，花瓣要一直等到种子成熟才会真正凋零呢。

独树一帜的绿绒蒿

都说到了高原必须要看的花就是绿绒蒿，绿绒蒿到底有什么魅力呢？

因为我们绿绒蒿又大又美，又特别“谦虚”。

高原上很多植物都长得匍匐低矮，相比之下我们绿绒蒿的花朵非常大，开花的时候就显得非常夺目亮眼。不过我们开这么漂亮的花可不是为了人类观赏，而是为了吸引昆虫过来传粉。

不过人类还是非常喜欢我们。在藏传佛教当中，白度母、绿度母的手上都拿着绿绒蒿。而当西方人发现我们以后，也迅速在海外形成了绿绒蒿的热潮。

至于说“谦虚”嘛，是因为我们很多成员开花时低垂着“头”，一副羞答答的样子。其实，这是因为下垂的花朵能够减少紫外线对花蕊的损伤，也能为传粉昆虫提供庇护所。

毛茸茸的植物：水母雪莲花

这是什么植物？毛茸茸的一团，好可爱啊！

我叫“水母雪莲花”，因为我们的长相，人们又把我们称为“水母雪兔子”，是不是很可爱？

我们是长在流石滩上的典型物种，身上白色的茸毛除了有助于保暖、防晒之外，还有防水的作用——茸毛可以阻止多余的水分进入我们植株内部滋生真菌。

人们把我们视为珍贵的藏药而采摘我们。但我们家族本来就人丁稀少，生长又十分缓慢，还是国家二级保护植物，所以请大家高抬贵手，放我们一马！

麻黄

为什么这种植物看起来没有叶子？

我叫麻黄，其实我的叶子已经退化了，主要靠绿色的茎来进行光合作用，是不是很神奇？我们生活在荒漠地带，是很好的固沙植物，同时还是一种受到管制的药品原料，不能随便采摘哦。

石缝里的唐古红景天

这也是一种生活在石缝里的花，真漂亮啊！

我是唐古红景天，就生长在高山石缝中或近水边，是国家二级保护植物。其实红景天不仅漂亮，还很有名呢。有一些抗高原反应的药物就是用我们家族成员为原材料制造的。很多种红景天都是传统的藏药，最常被使用的是大花红景天。

半寄生植物：马先蒿

这种花好漂亮！不过，这种花朵，好像我看到过好几种颜色呢！

我们马先蒿的同伴遍布全世界，不过在所有 600 多种马先蒿植物中，有半数都是中国的原住民哦。三江源的马先蒿种类非常丰富，你可以找找看，我们都喜欢生活在哪里。

偷偷告诉你一句，我们虽然自己也长了小小的叶子，不过我们的营养并不都来源于我们自己——我们的根会在土壤之下偷偷地攀附到其他植物的根上，汲取它们的养分，虽然不算那么光彩吧，但我们的花确实很漂亮，不是吗？

人与自然

三江源国家公园里河流纵横，湖泊星罗棋布，还有古老的原始森林、广袤的草原、漫山遍野的珍奇野生动植物，构成了世界高海拔地区独一无二的自然景观。

虽然三江源地处高原，对人类来说并不是理想的居所，但千百年来，有着无数坚韧且智慧的人们在这里繁衍生息、安居乐业。三江源拥有丰富多样的文化资源，宗教经典、地方民族史志以及文学作品等传承久远。

而近些年来，三江源草场退化严重，野生动物淡出视野，大小湖泊逐渐消失……随着国家实施三江源生态保护，再到建立三江源国家公园，生态环境正在逐步恢复。这些，都离不开所有人的共同努力。

无人禁区：可可西里

可可西里的意思为“青色的山梁”，藏语名“俄仁日纠”也是同样的意思。它被誉为青藏高原珍稀野生动物基因库，具有重要的科研和生态价值，于2017年被列入世界自然遗产地。可歌可泣的藏羚羊保护故事也发生在这里，昆仑山口和索南达杰烈士牺牲地太阳湖畔都建有纪念碑供人们瞻仰。

地质奇观

可可西里完好地保存了能够反映青藏高原隆升过程的地质遗迹，有许多奇特的自然景观，如山谷冰川、地表冻丘、冻帐、石林、石环、多彩的高原湖泊、盐湖边盛开的朵朵“盐花”，以及水温高达91℃的沸泉群等，是中国面积最大的世界自然遗产地。

人类禁区

可可西里是世界第三大无人区，也是中国最大的无人区，长期以来没有人类在此定居，原因是多方面的。

● 海拔高：可可西里平均海拔 4600 米左右，含氧量低，容易发生高原反应。

● 气温低，温差大：冬季最低气温能达到 −40℃，即使在夏季，白天温度可达 25℃左右，晚上气温仍然能下降到零下十几摄氏度。

● 风速高：由于地势开阔，强劲的西风在可可西里如入无人之境，平均风速达 5~8 米 / 秒，极端风速达 24 米 / 秒，相当于 9 级风暴。

● 缺淡水：虽然可可西里是中国湖泊分布最为密集的地方，但由于水分蒸发，矿物质沉积在水中，因此湖泊多为咸水湖和半咸水湖类型，缺少人类能饮用的淡水资源。

● 车难行：即便是有专业的越野车，要通过可可西里也是有难度的。因为这里 90% 以上的地区都属于永久冻土区，冬天有冰湖、积雪，而到了夏天，很多地方都会变成沼泽。车子一旦离开既定路线（哪怕只是一点点）就会陷入其中动弹不得。

可可西里是三江源国家公园探索难度最大的区域，不建议普通人前往。

生命乐土

可可西里的自然条件非常严酷，这里人迹罕至，是中国少有的真正意义上的荒野。但有不少野生动物将这里当作自己的家园。

许多青藏高原的特有动物在此聚集，人们能在这里见到成百上千头动物一起迁徙、采食的景象，这在中国其他地方是难得一见的。而且，由于地势平缓，植被也较矮小，这些野生动物也更容易被观察到。

可可西里涵盖了来自三江源索加曲 - 麻河地区的藏羚完整迁徙路线，是所有已知藏羚迁徙路线中难度最大，但得到最为严格保护的路线，这里还庇护了野牦牛、藏野驴等兽类。

另外，还有很多青藏高原特有的植物在这里分布。

圣湖的传说：扎陵湖和鄂陵湖

在三江源国家公园，湖泊星罗棋布，这里的扎陵湖和鄂陵湖有“黄河源头姊妹湖” 之称，是人们心目中的圣湖。在藏族传说中，这两个湖泊是天神赐予牧民生活的乐土。每年藏历新年，很多人来到这里，用圣湖的水洗一洗，寓意新的一年会获得丰收，所有人都吉祥安康。历史上，文成公主也是在这里与松赞干布相会，经黄河源头的第一个古渡口前往拉萨的。

二湖异色——为什么扎陵湖和鄂陵湖的颜色不一样呢?

在藏语当中，扎陵湖和鄂陵湖分别被叫作“查灵海”和“鄂陵海”，意思为“白色的长湖”和“蓝色的长湖”。那么，这两个湖的颜色为什么会不一样呢?

湖水的颜色与其透明度、深度和含盐量有关。只有达到一定的深度，湖水才会显现出蓝色。虽然都是淡水湖，呈现蔚蓝色的鄂陵湖比较深，平均水深约18米，最深的地方超过30米，盐度也稍大一些，而扎陵湖平均水深仅9米左右，这就造成了两个湖不同的颜色。

在扎陵湖和鄂陵湖之间偏北部，立有一块铜制的**牛头碑**。它建于1988年，象征着从这里奔流而出的黄河——孕育中华文明的母亲河之一。

湖里有鱼吗？

我们时常能在湖里看到不少水鸟，这就可以猜测到，这两个湖里其实是有鱼的。其实，这里生活着花斑裸鲤、极边扁咽齿鱼、骨唇黄河鱼等高原特有的鱼类。历史上藏民没有捕鱼的传统，所以湖里保留了很多种类的鱼。

三江源传统藏族生活

藏族的传统游牧生活，是牦牛、绵羊、山羊、马“四畜”齐全的。藏民逐草而居。一般藏族男性承担放牧、转场、准备饲料等工作，而女性则负责挤奶、食品加工制作、织布等工作。

黑帐篷

藏族传统的帐篷完全是用牦牛的毛织成的。藏民会从孩子出生开始，每年用牦牛毛织一条布，到了孩子结婚的时候，积累的这些牦牛毛布条就正好足以制作一个帐篷了。这种帐篷设计有专门的排烟道，最顶上那一条是镂空的，可以让一部分烟散出去。而没有排出去的烟会积聚在帐篷布上，时间久了就会堵住布之间的空隙，从而使之具有防雨的效果。

现在，很多牧民已经用上了现代材料制成的新帐篷，防水性和排烟性能都比以前更好了，唯一的问题是这种帐篷比较重，而且使用的材料在自然界中难以降解，不如以前的黑帐篷环保。分草场之后很多牧民也过上了定居生活，住上了石头或者混凝土建造的房屋。

哈达

藏族人往往给远道而来的客人敬献哈达，象征真挚的祝福。哈达通常以白色为多，也有红、黄、蓝、绿色的。

藏族牧民的饮食

高原很多地方并不适于农耕，因此藏族牧民很少吃蔬菜，饮食以肉、奶为主。过去藏民的主要食物由糌粑、干巴（风干牦牛肉）、曲拉（干奶酪）、酸奶和酥油茶构成。除了青稞和茶砖需要从外面购买之外，其他材料几乎完全可以在畜牧生活中获得。操持这些食物的制作是藏族女性最重要的工作之一。

一家人生活的中心：火塘

火塘对于藏族人来说是非常神圣的存在，它通常位于帐篷的中心位置。藏区最老式的火塘是用黏土烧制出来的炉子，而现在多改用现成购买的铁质炉子了。铁炉不容易损坏，转场时也能直接带走，还有专门的烟囱用来排烟。

藏族的最佳饮料：酥油茶

每天藏族妇女的工作从挤奶开始。挤出的奶为了便于保存会被做成酥油。把奶煮沸，充分搅动，冷却后凝结在上面的脂肪，经揉捏后就是香喷喷的酥油。酥油看上去有点像黄油，热量高且营养丰富。在茶汤中加入酥油，便是藏族的最佳饮料——酥油茶。

藏族牧民的主食：糌粑

糌粑是用酥油加上青稞面制作而成的，可以根据个人喜好加入糖，制作过程有点像做蛋糕或饼干，只不过不需要烤而已。糌粑就相当于藏族人的能量棒，放牧的时候带出去一块，能填一天的肚子。在宗教节日中，藏族人民也会抛撒糌粑，以示祝福。

不仅仅是装饰品：奶钩

在藏族女性传统服饰中，我们往往可以见到她们腰间垂坠着一个漂亮的金属装饰品，实际上在日常生活中它是一个十分实用的工具——奶钩。藏族女性每天清晨都要承担为牦牛和羊挤奶的工作，这时她们会用这个小钩子把装奶的桶挂在身上，方便劳作。

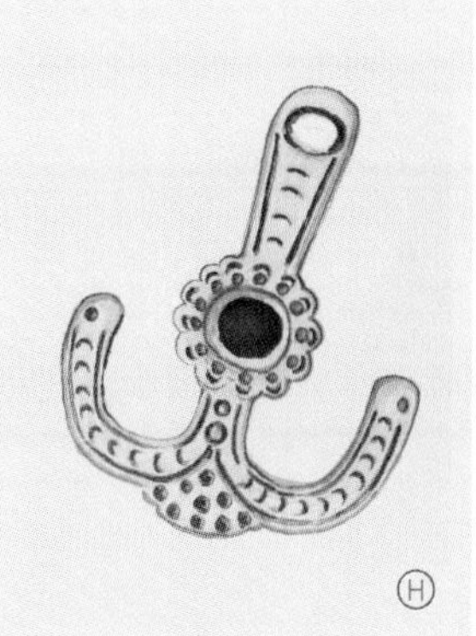

国家公园的守护者

嗨，大家好！我叫卓玛加，曾经我是一名牧民，而现在，我是一名生态管护员。这是怎么回事呢？一起来听听我的故事吧。

与野生动物一起成长

我出生于青海省曲麻莱县曲麻河乡多秀村，9 岁起就和父亲一起去草原放牧了。每天，我都跟牛犊赛跑，与旱獭、鼠兔玩捉迷藏，看雄鹰在自己的头顶盘旋。每年秋天，成群的藏羚羊来到草原，伴随我们的羊群和牛群度过寒冷的冬天，当草原开始返青，湖边出现大雁的时候，藏羚羊又成群结队地离开草原。藏羚羊离开自家草原的日子里，我还时常骑马进山寻找其他野生动物。为此，我的父亲经常责骂我不好好放牧，跑到山里玩耍。

随着年龄增长，我开始逐渐知道了藏羚羊有迁徙的习性——藏羚羊迁徙是世界上最为壮观的有蹄类动物大迁徙之一，还知道了生活在自家草场上的藏羚羊、藏野驴、野牦牛和雪豹都是国家一级保护动物。我对这些野生动物的好奇，更是转化为了爱与珍视。

成为生态管护员

2016 年，三江源国家公园挂牌成立（2021 年前为试点），国家实行了新的惠民政策，我被聘为草原生态管护员，每个月既能领到工资，又能看护我们的家园。我成了村里最早放下牧鞭的生态管护员。

我开心极了，但生态管护员的工作比放牧要辛苦得多。每天我都要骑三四十千米的摩托车去巡护。野牦牛产崽的时候，最远的巡护里程超过 50 千米。但还有些动物在地形复杂险峻的地方出没，摩托车进不去，我就只能骑牦牛，甚至有些沼泽只能徒步行走。完不成巡护任务，晚上只能独自在野外搭个简易帐篷露宿。

巡护时，我需要查看草畜平衡情况，水源有没有被污染，环境有没有被破坏，有没有人捕鱼偷猎、偷挖药用植物等。除了日常巡护外，我也主动承担起草原和野生动物监测的任务。我只有小学文化水平，因此在工作闲暇时，我学习了如何记巡护日记，把每次巡护所见所闻都记在记录本上。好在我观察仔细，记得详细全面，总结出了自己的一套实践经验，还有其他乡镇的生态管护员来找我学习呢！

那些难忘的瞬间

巡护中除了辛苦，还有难以想象的艰险。2016 年夏天的一个夜里，我在多秀盐湖巡护时不幸陷入沼泽，手机没有信号，无法求救。夜幕降临，气温骤降，野狼在寒风中嚎叫。我拼尽全力一点一点地爬出沼泽，第二天早上才精疲力竭地回到家。得知家人和朋友在草原上找了自己一夜，我终于忍不住流下眼泪。

每年 8 月，藏羚羊从可可西里核心区横穿青藏公路，迁徙返回越冬地，300 多千米的路途，沿途经常有受伤或落单的藏羚羊。那段时间我每天早早起床，沿藏羚羊迁徙的路线巡护。那天，我发现一只有孕在身的雌藏羚羊脱离了迁徙的队伍，它在原地哀号、转圈。孤身且有身孕的雌藏羚羊很容易被狼捕获，于是我就赶着它向藏羚羊群迁徙的方向走去。充满野性的藏羚羊并不像家羊那样好赶，始终和我保持着一百来米的距离，一会儿跑到山坡上，一会儿又跑到前方的沼泽区，我只能耐心地等着它走出沼泽地，再远远地驱赶它追赶羊群。两个多小时后，我终于看到了藏羚羊群，雌羊兴奋地向羊群跑去，到半路却停下脚步，回望着我，我也大声喊着："泽仁罗佳（藏语：长命百岁）！"这一刻，我觉得一切辛苦都是值得的。

未来的希望

没当生态管护员之前，家里的生活来源主要靠养牛的收入，一年的收入不够家里的开支，放牧之余，我还要外出去打零工。当了生态管护员后，有了固定工资，生活有了保障，我还自己买了一台照相机。我用照相机记录巡护中看到的藏羚羊、雪豹、棕熊、藏野驴等动物。我经常还会跟踪它们，沿着它们行走的路线详细观察，了解这些野生动物的活动范围、行走路线，仔细观察它们的习性、走姿、脚印和栖息环境等。经过两年的巡护工作，我对巡护沿线草场生态变化、野生动物分布状况了如指掌，也对我的家乡、我的工作有了更深入的理解。

我经常站在草场上，眺望远方白雪皑皑的玉珠峰。我愿终生与玉珠峰相守相望，与三江源的草原河湖、野生动物相守相伴，让自己的家乡永远是碧水蓝天。

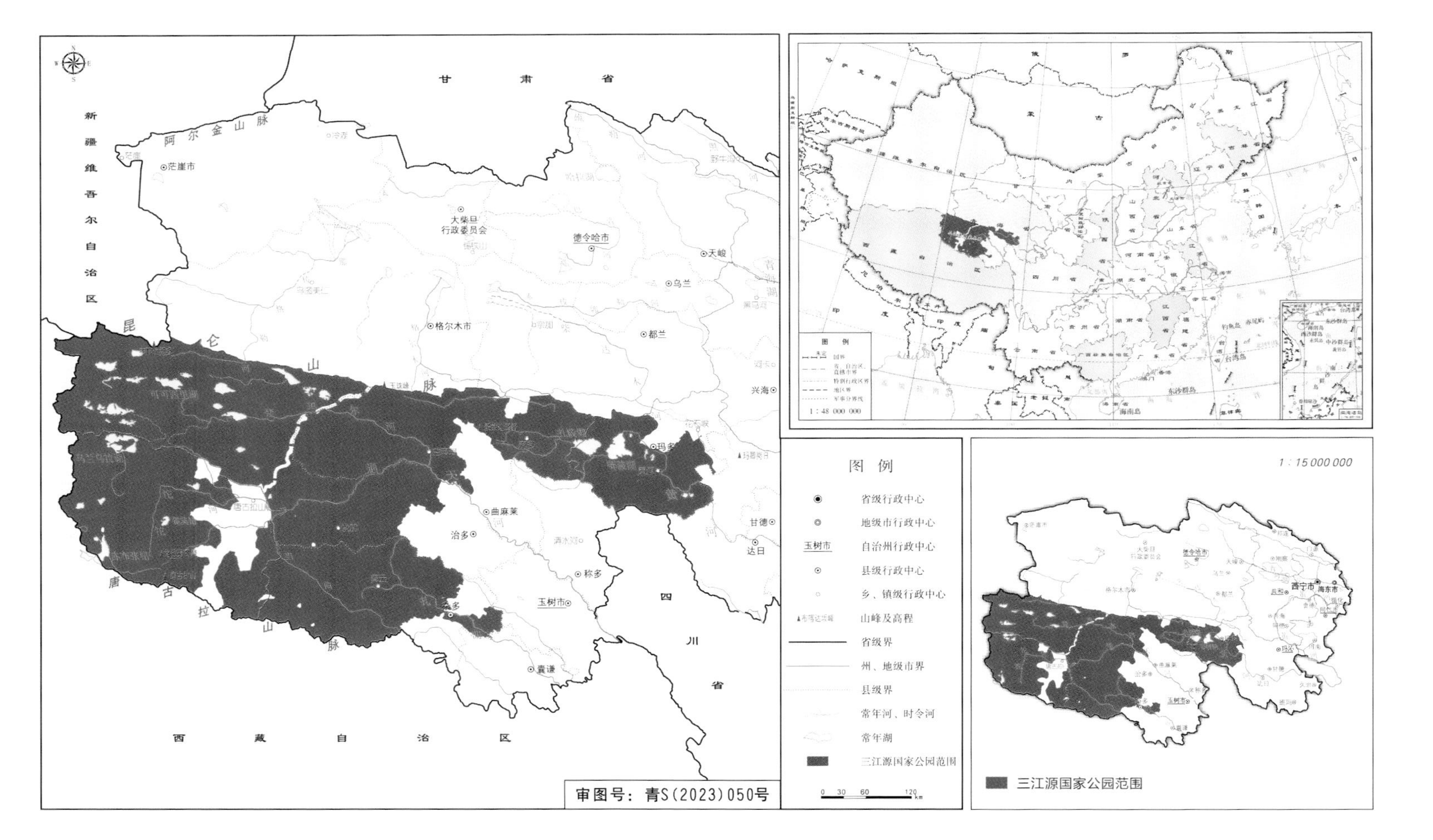

三江源国家公园地理位置示意图

图书在版编目（CIP）数据

中国国家公园．三江源国家公园 / 欧阳志云主编；徐卫华，臧振华，沈梅华著．—上海：少年儿童出版社，2024.4

ISBN 978-7-5589-1822-3

Ⅰ．①中…　Ⅱ．①欧…②徐…③臧…④沈…　Ⅲ．①国家公园—青海—少儿读物　Ⅳ．①S759.992.44-49

中国国家版本馆CIP数据核字（2024）第005796号

中国国家公园·三江源国家公园

欧阳志云 主编

徐卫华 臧振华 沈梅华 著

萌伢图文设计工作室 装帧

策划编辑 陈 珏

责任编辑 陈 珏　美术编辑 陈艳萍

责任校对 黄 岚　技术编辑 谢立凡

出版发行 上海少年儿童出版社有限公司

地址 上海市闵行区号景路159弄B座5-6层　邮编 201101

印刷 上海丽佳制版印刷有限公司

开本 889×1194　1/16　印张 4.25

2024年4月第1版　　2024年4月第1次印刷

ISBN 978-7-5589-1822-3 / G·3773

定价 38.00元